U1071219

高危行业一线岗位安全生产指导手册

陆上石油天然气
钻井司钻岗

本书编写组　编

应急管理出版社
· 北　京 ·

图书在版编目（CIP）数据

高危行业一线岗位安全生产指导手册．陆上石油天然气钻井司钻岗／《高危行业一线岗位安全生产指导手册》编写组编．--北京：应急管理出版社，2020

ISBN 978-7-5020-8138-6

Ⅰ.①高… Ⅱ.①高… Ⅲ.①油气钻井—安全生产—手册 Ⅳ.①X93-62 ②TE28-62

中国版本图书馆 CIP 数据核字（2020）第 105964 号

高危行业一线岗位安全生产指导手册

——陆上石油天然气钻井司钻岗

编　　者　本书编写组
责任编辑　罗秀全　张　成　刘晓天
责任校对　陈　慧
封面设计　王　滨

出版发行　应急管理出版社（北京市朝阳区芍药居 35 号　100029）
电　　话　010-84657898（总编室）　010-84657880（读者服务部）
网　　址　www. cciph. com. cn
印　　刷　北京玥实印刷有限公司
经　　销　全国新华书店

开　　本　850mm×1168mm $^1/_{32}$　**印张**　$2^5/_8$　**字数**　44 千字
版　　次　2020 年 7 月第 1 版　2020 年 7 月第 1 次印刷
社内编号　20200735　**定价**　16.00 元

版权所有　违者必究

本书如有缺页、倒页、脱页等质量问题，本社负责调换，电话:010-84657880

应急管理部办公厅关于印发
非煤矿山一线岗位安全生产指导手册的通知

应急厅函〔2020〕159号

各省、自治区、直辖市应急管理厅（局），新疆生产建设兵团应急管理局，海油安监办各分部，有关中央企业：

为贯彻落实《应急管理部 人力资源和社会保障部 教育部 财政部 国家煤矿安全监察局关于高危行业领域安全技能提升行动计划的实施意见》（应急〔2019〕107号），加强对高危行业企业一线岗位从业人员的安全生产指导和服务，应急管理部安全基础司组织编制了非煤矿山生产一线重点岗位安全生产指导手册，现予印发，供非煤矿山安全监管人员、有关企业安全管理人员及相关岗位操作人员学习参考，也可作为有关企业三级安全培训教育的参考资料。

应急管理部办公厅

2020年7月1日

出 版 说 明

为推进非煤矿山一线岗位安全生产指导手册的应用，助力企业基层安全管理，方便一线岗位从业人员学习使用，我们组织承担编写任务的单位对9个典型一线岗位的指导手册进行出版。指导手册采用“口袋书”的形式，以方便岗位人员随身带、随时学、随地用。

《高危行业一线岗位安全生产指导手册：陆上石油天然气钻井司钻岗》由中国石油化工集团有限公司安全监管部、胜利石油管理局有限公司编写，主要编写人员为徐黎明、刘坤、赵琬颖、徐月军、王爱民、李彦操、贺文卿、张文沛、孙民笃。

目　次

1 安全生产应知应会

1.1 安全生产风险基础知识

全球陆地油气储量丰富，统计表明，陆地油气储量约占全球油气资源总量的三分之一。无论世界油气资源供给形势如何变化，中国的油气消费总量在相当长的时期内仍将稳步增长。未来油气供需矛盾、供给安全的压力将日益增大，国内生产总量虽增长有限，但对保障我国油气基本供给安全具有重要基础作用。党的十八大以来，面对能源供需格局新变化、国际能源发展新趋势，习近平总书记做出“大力提升勘探开发力度，保障国家能源安全”的重要批示。陆地油气资源开发是增储上产、保障国家能源安全的重要力量。

陆上油气资源开发的载体一般为陆上石油钻机。石油钻机是一组十分复杂的大型成套设备，除用于一般陆地石油、天然气钻井外，还在沙漠、高寒、高原、沼泽等地带使用。在不同环境下工作的石油钻机要能承受相应的风沙、低温、高温、严寒等恶劣的自然条件以及在钻井过程中高压、高温、污染、冲刷、腐蚀等特殊复杂的工况。

按不同标准，钻机可以划分为不同类型，见表

1－1。石油钻机的不同驱动方式见表1－2。

表1－1 陆地石油钻机分类

陆地石油钻机	按钻井方法分类	冲击钻机（顿钻钻机）、地面驱动旋转钻机、井下驱动钻机
	按钻井深度分类	浅井钻机（<1500 m井深）
		中深井钻机（1500 ~3000 m井深）
		深井钻机（3000 ~5000 m井深）
		超深井钻机（6000 m以上井深）
	按移动方式分类	撬装钻机、车装钻机
	按驱动方式分类	机械驱动钻机、电驱动钻机

表1－2 陆地石油钻机不同驱动方式

驱动方式	机械驱动	电驱动	
		直流电机驱动	交流变频电机驱动
主要特点	机械驱动钻机是指以柴油机为动力，包括齿轮传动、胶带传动和链条传动3种方式，目前机械驱动石油钻机主要为链条钻机，具有制造方便、成本低的特点	直流电动钻机（AC－SCR－DC），将柴油发电机组并网发出的电力通过SCR可控硅整流后驱动直流电机	交流变频钻机（AC－VFD－AC）核心技术就是采用了交流变频调速技术，具有现有机械驱动钻机和直流电驱动钻机无可比拟的优越性能，是当代石油钻机的发展趋势

石油钻机一般有八大系统（起升系统、旋转系统、钻井液循环系统、传动系统、控制系统、动力驱动系统、钻机底座、钻机辅助设备系统），要具备起下钻能

力、旋转钻进能力、循环洗井能力。其主要设备有：井架、天车、绞车、游动滑车、大钩、转盘、水龙头（动力水龙头）及钻井泵（现场习惯上叫钻机八大件）、动力机（柴油机、电动机、燃气轮机）、联动机、固相控制设备、井控设备等。转盘石油钻井工作原理如图1－1所示，顶驱石油钻井工作原理如图1－2所示。

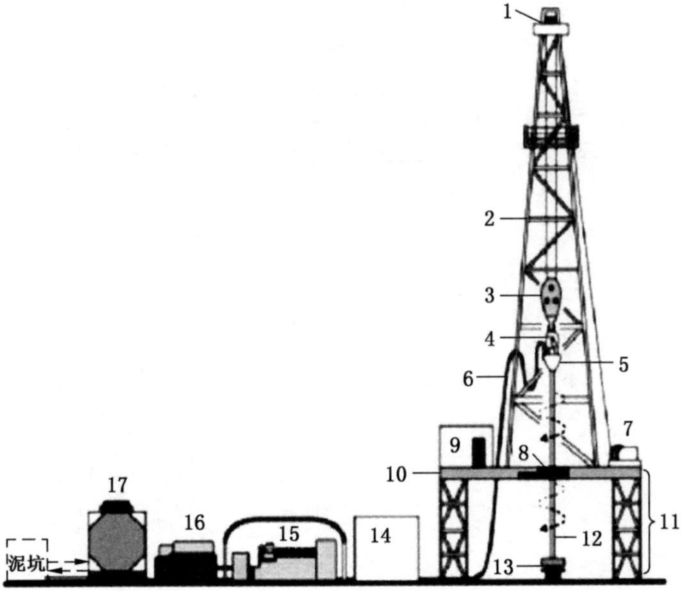

1—天车；2—井架（铁架塔）；3—游车；4—大沟；5—水龙头；6—泥浆（钻井液）管线；7—绞车；8—转盘；9—司铁控制房；10—铁台；11—底座；12—铁管（杆）；13—防喷器（BOP）；14—交流变频电动系统；15—柴油引擎；16—泥浆泵；17—常控系统

图1－1　转盘石油钻井工作原理图

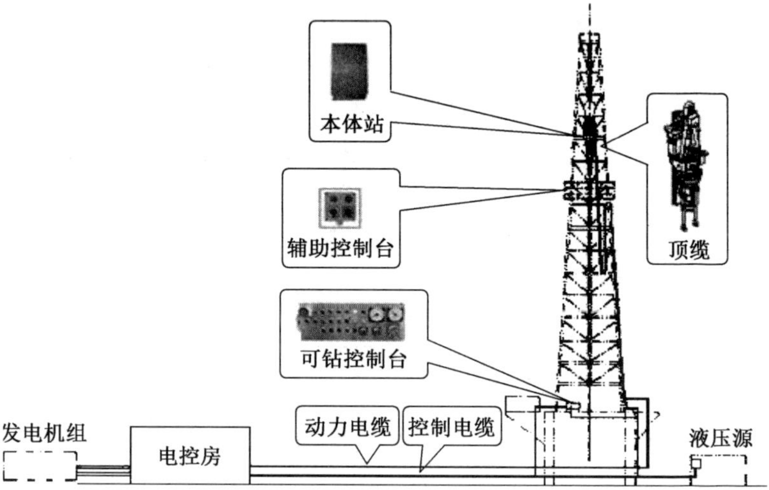

图 1－2　顶驱石油钻井工作原理图

陆上石油钻井的设备设施系统主要包括工艺系统、仪控系统、电力系统、公辅系统、应急关断及火气探测系统、消防救逃生系统、通信系统以及医疗救护系统。各系统组合交互为钻采作业提供支持，系统结构复杂，备件组成众多，要求运行寿命长、稳定性高。钻井平台井控设备如图 1－3 所示，钻井工程工艺如图 1－4 所示。

陆上油气钻井是一项高风险、高科技、高投入的行业，作业内容繁杂，时间紧凑，风险点多且隐蔽，从安全管理角度综合分析，陆上油气钻井作业具备以下特点：

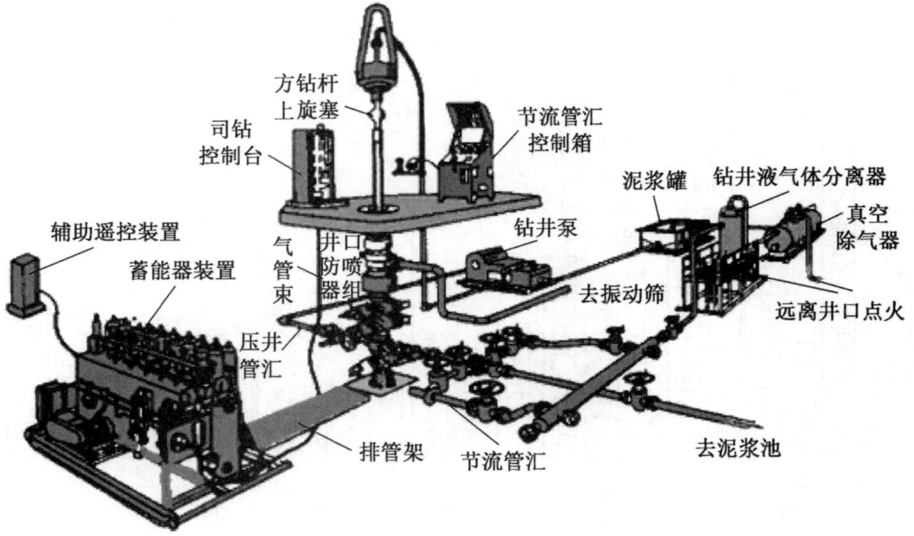

图 1-3 钻井平台井控设备总图

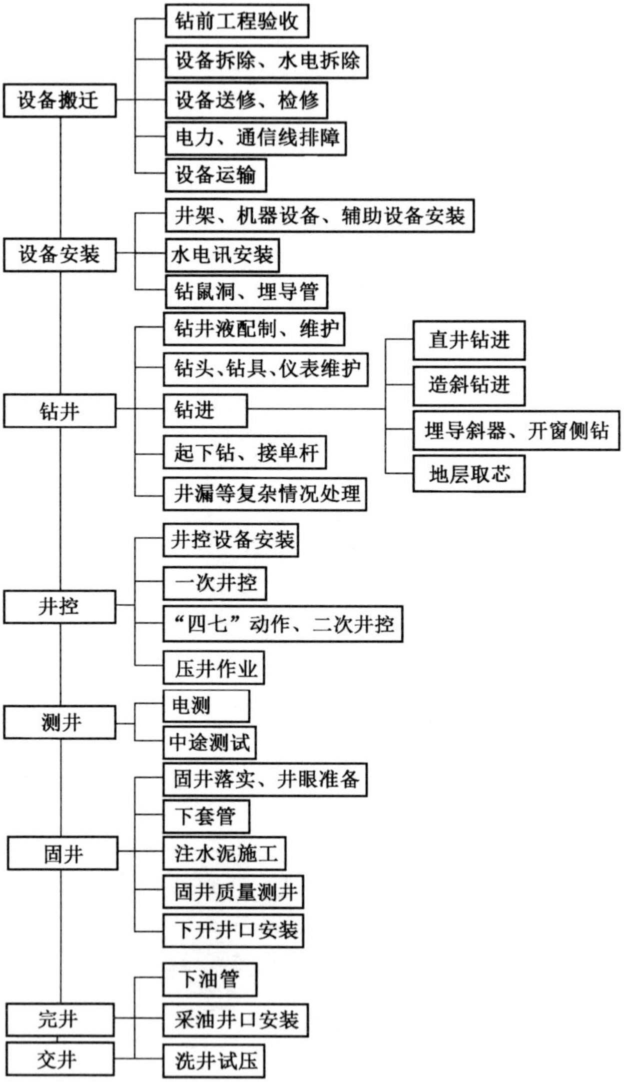

图 1－4　钻井工程工艺流程图

1. 气候条件多变，地下情况隐蔽

陆上油气钻井是多专业、多工种配合的野外作业，经常在高山、丘陵、森林、草原、农田、沙漠、沼泽、海滩等地面条件差的地区进行，工作条件差，技术要求高，加之交通、通信等限制，增加了作业难度；钻井工程又是一项隐蔽的地下工程，地下存在含有高压油、气、水的地层、漏失层、岩盐层、膨胀层、坍塌层等复杂情况：这些都给钻井工程造成了困难。钻井工程还是一项耗资巨大的工程，一般工程费用占整个石油工业勘探开发基建投资的40% 以上。

2. 生产作业系统性风险高

在陆上石油勘探开发过程中，石油和天然气采出物多伴生腐蚀、有毒物质，在生产过程中易引发泄漏、火灾、爆炸和中毒等安全事故。面临的风险主要包括：

（1）产品具有危险性。陆地油气生产设施所生产的石油、天然气具有高压、易燃易爆、易腐蚀、易流动、有毒等特点，易发生泄漏、火灾、爆炸、中毒、窒息等重大事故。

（2）作业系统复杂。钻井作业受控于操作空间狭小、设备设施繁多、自动化系统复杂等多种因素制约，误操作概率增加。

（3）技术水平要求高。由于陆上钻采作业面临的地理、地质条件复杂，高温、高压、硫化氢、浅层气等不确定因素的影响多，作业难度大，易发生各种工程事故。

3. 现场地处偏远，事故施救困难

由于陆上钻井区块的井位基本上都在交通不便的山丘、沙漠等地理特殊位置，交通不便，一旦发生事故，很难迅速得到外援，导致施救困难，因此发生事故多以自救为主，救援难度极大。

1.2 安全生产有关法律法规要求

1.2.1 岗位安全生产准入

1. 安全生产培训合格

《安全生产法》第二十五条规定，生产经营单位应当对从业人员进行安全生产教育和培训，保证从业人员具备必要的安全生产知识，熟悉有关的安全生产规章制度和安全操作规程，掌握本岗位的安全操作技能，了解事故应急处理措施，知悉自身在安全生产方面的权利和义务。未经安全生产教育和培训合格的从业人员，不得上岗作业。

【说明】

培训时间：根据《生产经营单位安全培训规定》第十三条规定，生产经营单位新上岗的从业人员，岗前培训时间不得少于 24 学时。

岗位调换培训：根据《生产经营单位安全培训规定》第十七条规定，从业人员在本生产经营单位内调整工作岗位或离岗一年以上重新上岗时，应当重新接受车间（工段、区、队）和班组级的安全培训。

“四新培训”：根据《安全生产法》第二十六条规

定，生产经营单位采用新工艺、新技术、新材料或者使用新设备，必须了解、掌握其安全技术特性，采取有效的安全防护措施，并对从业人员进行专门的安全生产教育和培训。

2. 特种作业人员持证上岗

《安全生产法》第二十七条规定，生产经营单位的特种作业人员，必须按照国家有关法律、法规的规定接受专门的安全培训，经考核合格，取得特种作业操作资格证书后，方可上岗作业。

【说明】

依据《特种作业人员安全技术培训考核管理规定》，司钻列入特种作业目录，需持证上岗。

有效期：特种作业操作证有效期为6年，在全国范围内有效。

复审时间和离岗考试：依据《特种作业人员安全技术培训考核管理规定》，特种作业操作证每3年复审1次。特种作业人员在特种作业操作证有效期内，连续从事本工种10年以上，严格遵守有关安全生产法律法规的，经原考核发证机关或者从业所在地考核发证机关同意，特种作业操作证的复审时间可以延长至每6年1次。离开特种作业岗位6个月以上的特种作业人员，应当重新进行实际操作考试，经确认合格后方可上岗作业。

培训内容：依据《特种作业人员安全技术培训大纲和考核标准（试行）》司钻作业人员安全技术培训大纲和考核标准。

3. 设备检测检验合格

生产经营单位应当在有较大危险因素的生产经营场所和有关设施、设备上，设置明显的安全警示标志。

《安全生产法》第三十三条规定，安全设备的设计、制造、安装、使用、检测、维修、改造和报废，应当符合国家标准或者行业标准。生产经营单位必须对安全设备进行经常性维护、保养，并定期检测，保证正常运转。维护、保养、检测应当做好记录，并由有关人员签字。

【说明】

绞车主要检测项目有：传动轴、滚筒轴、猫头轴、平衡梁、刹带、刹车曲轴等。

泥浆泵主要检测项目有：保险凡尔、高压连接管、泄压管等。

天车主要检测项目有：天车轮、天车轴等。

游车主要检测项目有：游车轮、游车轴、游梁、销轴等。

水龙头主要检测项目有：提环、提环轴等。

大钩主要检测项目有：大钩体、大钩轴等。

液压大钳主要检测项目有：尾桩、液缸轴等。

吊环主要检测项目有：整体。

吊卡主要检测项目有：整体、台阶、活门销等。

B 型大钳主要检测项目有：钳柄及部件、连接销子、尾销座等。

井架主要检测项目有：构件、巴掌、销孔、销子等。

井架底座主要检测项目有：构件、巴掌、销子等。

死绳固定器主要检测项目有：轴、底座等。

空气瓶主要检测项目有：瓶体、焊缝、壁厚、保险阀等。

气动绞车主要检测项目有：刹车轴、刹带、吊钩、固定螺丝等。

大绳排绳器主要检测项目有：本体。

随钻循环头主要检测项目有：丝扣、接头等。

1.2.2 从业人员安全生产权利

（1）劳动保护权。《安全生产法》第四十九条规定，劳动合同应当载明有关保障从业人员劳动安全、防止职业危害的事项，以及依法为从业人员办理工伤保险的事项。

（2）知情权、建议权。《安全生产法》第五十条规定，从业人员有权了解其作业场所和工作岗位存在的危险因素、防范措施及事故应急措施，有权对本单位的安全生产工作提出建议。

（3）批评、检举、控告权和合法拒绝权。《安全生产法》第五十一条规定，从业人员有权对本单位安全生产工作中存在的问题提出批评、检举、控告；有权拒绝违章指挥和强令冒险作业。

（4）紧急避险权。《安全生产法》第五十二条规定，从业人员发现直接危及人身安全的聚集情况时，有权停止作业或在采取可能的应急措施后撤离作业场所。

（5）工伤保险和民事索赔权。《安全生产法》第五十三条规定，因生产安全事故受到损害的从业人员，除依法享有工伤保险外，依照有关民事法律尚有获得赔偿的权利的，有权向本单位提出赔偿要求。

（6）《劳动法》第七十二条、七十三条规定，用人单位和劳动者必须依法参加社会保险，缴纳社会保险费。职工因工作遭受事故伤害或者患职业病进行治疗，享受工伤医疗待遇。

【说明】

认定工伤、视为工伤、不得认定为工伤或者视同工伤的情形：分别依据《工伤保险条例》第十四条至第十六条。

提出工伤认定申请的人、时间及申请地点：《工伤保险条例》第十七条规定，所在单位应当自事故伤害发生之日或者被诊断、鉴定为职业病之日起 30 日内，向统筹地区社会保险行政部门提出工伤认定申请。用人单位未提出工伤认定申请的，工伤职工或者其近亲属、工会组织在事故伤害发生之日或者被诊断、鉴定为职业病之日起 1 年内，可以直接向用人单位所在地统筹地区社会保险行政部门提出工伤认定申请。

1.2.3 从业人员安全生产义务

（1）遵章守纪、正确佩戴和使用劳动防护用品。《安全生产法》第五十四条规定，从业人员在作业过程中，应当严格遵守本单位的安全生产规章制度和操作规程，服从管理，正确佩戴和使用劳动防护用品。

（2）接受安全生产教育培训。《安全生产法》第五十五条规定，从业人员应当接受安全生产教育和培训，掌握本职工作所需的安全生产知识，提高安全生产技能，增强事故预防和应急处置能力。

（3）报告危险。《安全生产法》第五十六条规定，从业人员发现事故隐患或者其他不安全因素，应当立即向现场安全生产管理人员或者本单位负责人报告。

1.2.4 法律责任

《安全生产法》第一百零四条规定，生产经营单位的从业人员不服从管理，违反安全生产规章制度或者操作规程的，由生产经营单位给予批评教育或处分；构成犯罪的，依照刑法有关规定追究刑事责任。

【说明】

构成犯罪，主要是指构成刑法规定的重大责任事故罪，即在生产作业中违反有关安全管理的规定，导致发生重大伤亡事故或者造成其他严重后果的，处三年以下有期徒刑或者拘役；情节特别恶劣的，处三年以上七年以下有期徒刑。

2　岗位主要安全风险和事故隐患

2.1　岗位主要安全风险

司钻岗位可能发生的主要风险类型有：井喷及井喷失控、火灾、爆炸（包括化学爆炸和物理爆炸）、硫化氢中毒、高处坠落、机械伤害、触电、车辆伤害、物体打击等。

2.1.1　井喷及井喷失控

井喷主要是钻遇高压油气层、浅气层、浅水层发生井涌后，因为压井不及时、压井操作不当、井控设备失效等原因，导致地层流体（油、气和水）无控制地涌入井筒、喷出地面的现象。井口失去对喷出石油、天然气的控制，即井喷失控。

井喷的根本原因是对地层孔隙压力掌握不清，或由于某些外力及人为因素造成钻井液柱压力降低，使静液柱压力小于地层孔隙压力较多时，井眼系统与地层的压力失去平衡。井喷发生后，可能导致井喷事故的发生。通过对以往的案例分析总结发现，防喷器失效、节流压井管汇失效、套管失效、井喷后爆炸起火是导致井喷失控的主要原因。

为了保持地层与井眼系统的压力平衡，在现场作业中，应使钻井液柱压力略大于地层孔隙压力，防止地层流体侵入井眼内；当溢流发生后，要利用具有不同功能的各种先进的井控设备控制溢流。司钻是实施井控技术的关键人物，必须了解井喷的征兆和预防措施，熟悉井控装置的功能和特性，掌握和井喷做斗争的原理和方法，而且具有在紧急情况下能够制服溢流和井喷的过硬本领。

2.1.2 火灾

1. 井喷引发火灾

发生井喷事故，一旦应急处置不能有效控制井喷，产生的原油、天然气等可燃液体、气体遇到明火或油气高速喷流带出的砂石撞击井架而产生的火花，都可能引起井喷着火。另外，防喷设施或井场管线的损坏，造成原油、天然气泄漏，遇明火源也可能引起火灾事故。

2. 现场作业火灾

现场动火作业范围不仅有常见的电焊、气焊，还包括气割、砂轮机、磨光机、铁器击物等产生火花的作业。动火作业内容主要有井口装置的安装、检测仪器的改造、泥浆池的补焊、各种设备的补焊、烘烤解冻等明火作业。动火作业过程中存在火灾风险，易引发火灾事故。

3. 电气火灾

现场电器设备部分为大功率用电设备，线路立体交叉、纵横交错等原因，易导致电气火灾。

4. 防火措施

井喷或井喷失控后的防火措施有：划分警戒区，组织警戒。警戒区以内禁止一切机动车辆进入，熄灭一切火种，抢险人员应着防静电服装，检测油气含量等；立即关闭柴油机、泥浆泵、照明灯具等所有用电设备的总配电开关；立即启动预案，做好一切应急准备工作；尽快准备充足的水源；无论是否着火，都要清除周围的障碍物，暴露井口和井口装置，为抢险灭火工作清除一切障碍。

现场防火措施有：严格执行国家或行业标准基础上，对重要设备设施的防火间距，尽可能留有余量；加强现场电器设备的安全管理，井架及钻台上的电器设备宜选择防爆性能较好的隔爆型电器设备；井场动力线路和照明线路均应架空走线，严禁使用裸导线，导线绝缘层应做到完好无缺；井架及钻台上的动力和照明线路均不得采用明线敷设，应作保护套管；不得擅自拉接临时电线，不得擅自安装临时用电设施；动力线路、生产照明线路和事故照明线路应分开设置；井场、钻台和井架上的全部电器设备，均应按照规定设置安全标志；定期对电器设备的使用状况进行检测维护，保证电器设备完好正常。

2.1.3 爆炸

1. 井喷引发爆炸

发生井喷事故，泄漏的油气、天然气和空气混合，可以形成爆炸性混合气体，当达到爆炸极限时，遇高温、明火等均可能发生爆炸。

2. 其他爆炸事故

由于选择、试压、检查、安装、固定等问题会造成管线刺漏、闸阀渗漏、管柱弯曲，甚至爆裂等事故。另外，井下情况不明，管线被堵塞，可导致压力骤升，造成憋泵，发生管线严重刺漏，甚至管线爆裂事故。

钻井施工作业中需要使用空气压缩机、压力容器、高压管道，压力可达数兆帕甚至数十兆帕。压力容器、高压管道是一种危险性较大的设备。容器（管道）内具有一定温度的带压工作介质，承压元件的失效、安全保护装置失效是容器（管道）主要的危险因素。由于安全防护装置失效或承压元件的失效，使压力容器、管道内的工作介质失去控制，从而导致事故的发生，发生物理爆炸。

检维修、井场使用的氧气瓶、乙炔瓶等，由于使用、操作、维护不当，也可能引起爆炸。

3. 防爆措施

为防止爆炸事故，工作区域内严禁吸烟或携带明火；遵守压力容器操作规程；压力容器定期检验，合格后才能投入运行。

2.1.4 硫化氢中毒

1. 可能存在硫化氢的区域

硫化氢在标准状况下是一种易燃的酸性气体，无色，低浓度时有臭鸡蛋气味，有剧毒。钻井过程中，地层中的硫化氢可能随钻井液从环空中返出。因此，在井口周围、钻井液出口罐口、接收罐和振动筛、钻井液循环罐、司钻和操作员位置、井场工作室等都有硫化氢的存在。

因作业是流动的，若遇到含硫化氢的油气井作业时，一旦发生油气井井喷外溢事故，井喷气中含有的硫化氢气体可能导致作业区或其附近人员发生中毒事故。若天然气中含有硫化氢，在钻井测试放喷、井喷放喷燃烧时，会产生二氧化硫。二氧化硫也是造成人员中毒的毒物之一。

硫化氢气体也会给钻井安全施工作业和取芯工作带来极大困难。钻进至含硫化氢天然气地层后，井喷气体中含有硫化氢，若处理不当可能导致中毒事故发生。从井底循环出的钻井液会携带有毒气体硫化氢，可能导致井场作业人员或井场附近人员中毒；发生井喷后，若人员防护措施不当，将造成井场作业人员或井场附近人员中毒；取芯工具携带出的硫化氢气体可导致人员中毒。

2. 防中毒措施

为了防止硫化氢中毒，应根据不同的作业环境配备相应的硫化氢监测仪及防护装置，并落实人员管理，使硫化氢监测仪及防护装置处于备用状态；作业环境应设立风向标；供气装置的空气压风机应置于上风侧；重点监测区应设置醒目的标志、硫化氢监测探头、报警器及排风扇；进行检修和抢险作业时，应携带硫化氢检测仪和正压式空气呼吸器；当浓度达到预警值时，作业人员应检查泄漏点，准备防护用具，迅速打开排风扇，实施应急程序。

2.1.5 高处坠落

高处坠落是指从离地面2 m以上作业点坠落所致伤害。主要原因有：蹬踏物突然断裂或滑脱；高处作业移动位置时踏空或失衡；站位不当时被移动物体碰撞而坠落；安全设施不健全，如缺乏护栏、作业人员缺乏高处作业安全知识。

在钻井过程中和井架设施装卸过程中需要登高检查、保养设备，若人员防护不当或无防护措施，存在高处意外坠落的危险；在夜间装卸塔架，由于光线不足，易引起高处作业的人员失足坠落；二层台光滑、无护栏或护栏高度不合格，可能导致操作人员失足坠落；二层台无安全带、防坠落装置或防坠落装置不良，也可能造成高处坠落伤害；5级以上大风、雷雨、雾、雪等天气进行安装、拆卸塔架作业，因固定不牢或脚踏物件光滑，易造成作业人员坠落。

为了防止高处坠落事故发生，高处作业施工必须戴好安全帽、系好安全带等劳动防护用品。安全带使用前要认真检查，拴在牢固的地方；高处作业前要加强高处作业设施设备的安全检查，如检查各类高架平台栏杆、作业井架各部护栏是否齐全牢固，防坠落保护器是否好用；高处作业时，必须严格遵守高处作业规定，互相配合，互相监督；起重安装人员必须严格遵守操作规程，专人指挥，保证上岗，采取切实可行的保证措施，防止高处坠落。

2.1.6 机械伤害

机械伤害是指钻井过程中，各种高速旋转的电机、移动机构以及往复运动部件的外露部分，因设备、设施缺陷、防护不良或无防护，致使人体遭受夹击、碰撞、剪切、卷入、绞、碾、割、刺等伤害。

主要原因有：检修、检查机械时忽视安全操作规程，如设备检修作业，未切断电源、未挂“不准开闸”警示牌、未设专人监护等；缺乏安全装置，如机械传送带、齿轮机、接近地面的联轴节、皮带轮、飞轮等易伤害人体部位未加防护装置；电源开关布局不合理，遇紧急情况不便立即停车；设备的制动离合系统由于油、水及杂物侵入，导致离合失控，引起机械伤害；机械运转时，从事零部件的拆装工作或触摸和擦洗运转的部件未按操作规程作业。

为防止机械伤害，投入使用的机械设备必须完好，安全防护措施齐全，有生产许可证、出厂合格证；机械设备安装后应按规定办理安装验收手续，报相关部门检测，经检测合格后才能使用；作业人员经过培训上岗，特种作业人员持特种作业证上岗；作业人员必须佩戴好劳动保护用品，严格按说明书及安全操作规程进行操作；检修机械必须严格执行断电、挂牌和设专人监护制度；机械检修完毕，试运转前，必须对现场进行细致检查，确认机械部位人员全部撤离方可取牌合闸；加强对机械设备的维修保养，保持机械设备处于良好的技术状态，各种安全防护设施齐全可靠；对机械设备的维护、保养必须在停机状态下进行。

2.1.7 触电

在井场布置时，电线架设过低，电缆、电线绝缘不好，私拉乱接，用电设备没有安装保护性接地或接零，电线与铁器发生摩擦磨破电线，酒后带电作业，不停电移动带电设备等，都可能发生触电事故；起、放井架，井架外边缘与输电线路边缘之间的安全距离不够，造成井架和架空线接触带电，引起触电事故；在搬运设备和起放井架过程中，岗位工人未发现周围有高压输电线路，可能发生触电事故；井场搬运照明电气，未停电作业，可能导致触电事故；井架遭受雷击，若接地设施不完善，作业人员会发生触电事故。

为防止触电，电气操作人员必须经培训合格，持证上岗；井场内的电气设备，不得随便乱动，如果电气设备出了故障，应请电工修理，不得擅自修理，更不得带故障运行；经常接触和使用的配电箱、配电板、闸刀开关、按钮开关、插座、插销以及导线等，必须保持完好、安全，不得有破损或将带电部分裸露出来；在操作闸刀开关、磁力开关时，必须将盖盖好；电器设备的外壳应按有关安全规程进行防护性接地或接零；使用手电钻、电砂轮等手用电动工具，必须执行安全用电操作规程；在进行电气作业时，要严格遵守安全操作规程，遇到不清楚或不懂的事情，切不可不懂装懂，盲目乱动；一般禁止使用临时线，必须使用时，应经过批准，并采取安全防范措施，按规定时间拆除。

2.1.8 车辆伤害

车辆伤害是井场作业中发生的人身伤害。钻井作业是流动性作业，一口井施工完毕，就要移动到下一个井场施工，因此需要对设备进行拆卸、搬迁、安装。该过程中如果违章驾驶车辆、停靠不稳、刹车失灵等，可能造成车辆伤害事故发生。

为防止车辆伤害，井场设备、机具不能随意摆放，保证井场有序作业；特种工程车辆使用必须按照特种设备使用条例进行作业，严禁无证操作；调度指挥人员做好协调工作，切勿人员、车辆设备混杂使用，避免出现纰漏，正确适时引导作业的顺利进行。

2.1.9 物体打击

1. 钻井施工过程中的物体打击事故

钻井施工过程中大钩、游动滑车、天车、井架及井架附件、二层台附件若发生坠落可使人员遭受物体打击。意外脱落的套管、意外甩动的大钳、高压管件等也可造成物体打击事故发生。

钻井施工过程中特别是开钻前的高压试运转过程中，井口、泵房、高压管汇、安全阀及其他进行高压作业的设备、车辆附近的高压区，存在高压流体刺漏伤人的危险。

2. 人的不安全行为导致的物体打击事故

无证操作；不熟悉绞车操作规程发生顶天车、顿钻甚至管柱落井等事故；井口操作不熟练造成单吊环伤人事故；井架搬迁过程中，由于违章作业或误操作等引起井架构件或工具坠落；使用液压钳、管钳等工具时，人员操作不当或工具断裂，可能引起工具失控或飞出；搬运、更换或装卸钻杆、钻具或其他工具时，因操作不当引起钻杆倾倒、工具坠落；夜间装卸井架，由于光线不足，高处作业的人员工具摆放不对或看不清下方作业人员，造成坠物伤人等；甩单根作业时，因作业人员违章作业，造成单根失控打击作业人员。

3. 其他物体打击事故

发生井喷事故时，可能导致设备设施破坏，飞出物体意外伤人；在安装、拆卸设备时，因上下作业不协调，导致上部物件坠落，造成下部人员的物体打击事故；由于刹车失控造成顿钻事故或因超速起下造成顿钻甚至落物伤人事故；在重负荷作用下，提升系统可能发生大绳断落伤人事故；遇阻、遇卡，上提载荷接近井架安全载荷时，硬提导致钢丝绳断裂或井架断裂，造成落物打击；因吊环、钢丝绳等断裂造成物件坠落，发生物体打击伤害。

顶天车是指作业工具在起升时，游动系统未在有效范围停下而继续上升至天车底，将天车撞下来。一旦天车被撞下来，整个起升系统都将砸在井台上，工具容易被折断落下，造成人员伤害。

5 级以上大风、雷雨、雾、雪等天气进行安装、拆卸塔架作业，因塔架晃动或塔架光滑，造成高空放置的工具物件坠落，引起坠物伤人。

2.2 岗位常见事故隐患

2.2.1 事故隐患排查

事故隐患排查见表2－1。

表2－1 事故隐患排查

序号	隐患	控制措施	隐患分级
1	人员伤害：违章操作，视线不良，操作失误，注意力不集中，围栏及护罩缺陷，未执行维修锁定标志制度，落物及防碰装置失灵，猫头绳缠乱或违章操作猫头	严格执行操作规程、定时巡回检查、执行维修锁定和标志制度	重大隐患
2	设备损坏：启动过猛、超载、强行挂合、未按规章进行保养作业	严格执行操作规程、定期保养	重大隐患
3	井喷失控：起钻抽吸，井漏未及时发现，钻遇异常高压地层，起钻未灌好泥浆，“四七”动作不熟练，发现异常情况未引起重视，发现溢流未正确处理，汇报不及时，井控设备缺陷	严格执行井控管理制度、钻开油气层申报审批制度和坐岗制度，定期进行防喷演习、井控系统试压	重大隐患

2.2.2 事故隐患检查

1. 司钻房

司钻房事故隐患检查见表2－2。

2. 指重表、记录仪

指重表和记录仪事故隐患检查见表2－3。

表 2-2　司钻房事故隐患检查

检查项目	检查标准
1. 摄像头	1. 摄像头显示清晰
2. 仪表	2. 各仪表灵敏、准确，检验合格，在有效期内
3. 气开关	3. 各开关灵活好用，开关状态准确，标识清楚
4. 阀件管线	4. 液压盘刹手柄安全可靠，工作正常
5. 液压盘刹手柄	5. 阀件管线连接牢固，不漏气、漏油
6. 紧急制动按钮	6. 紧急制动按钮安全可靠，防护罩完好，有“禁止乱动”标识
7. 送话器、汽笛、对讲机	7. 送话器、汽笛、对讲机完好
8. 控制系统	8. 控制系统工作正常
9. 电器连接线	9. 电器连接线符合标准，接地合格
10. 防爆应急灯	10. 防爆应急灯工作正常
11. 干粉灭火器	11. 干粉灭火器压力正常，半月检查一次

表2－3　指重表、记录仪事故隐患检查

	检查项目	检 查 标 准
	1. 传压器和传压管线	1. 传压器和传压管线不渗漏，冬季使用酒精或甘油作为传压介质，并做保温
	2. 指重表	2. 指重表灵活准确，检验合格
	3. 记录仪	3. 记录仪读数准确，灵敏，记录卡片更换及时

表 2－4　液压盘刹事故隐患检查

	检查项目	检 查 标 准
	1. 刹把	1. 刹把灵活好用
	2. 驻刹、急停按钮	2. 驻刹、急停按钮安全可靠
	3. 液压盘刹	3. 液压盘刹间隙 < 1 mm，刹车块厚度 > 12 mm，刹车块无油污，安全钳完好，油管线无渗漏，液压站运转正常，油量充足

表2－5　辅助刹车事故隐患检查

	检查项目	检 查 标 准
	1. 固定	1. 固定牢固
	2. 水柜	2. 水柜工作正常，管线不渗漏
	3. 电器连接线	3. 电器接线符合要求，接地达标
	4. 卫生	4. 清洁卫生

表 2-6　防碰天车事故隐患检查

检查项目	检查标准
1. 刹车	1. 防碰天车刹车动作灵敏
2. 重锤防碰天车	2. 重锤防碰天车引绳用直径 6.4 mm 钢丝绳，中间无接头，不得与井架、电缆线等摩擦，距天车不小于 6 m，下端用开口销连接，严禁用铁丝捆绑
3. 过卷防碰	3. 过卷防碰灵活好用，顶杆调节位置合适，设置高度在重锤防碰天车下方合适位置

表 2－7　大绳、起升大绳、排绳器事故隐患检查

	检查项目	检 查 标 准
	1. 大绳	1. 大绳排列整齐，无扭曲、变形，断丝（每捻距断丝不超过 3 丝）磨损符合要求
	2. 起升大绳	2. 起升大绳无扭曲、变形，断丝（每捻距断丝不超过 3 丝），与钻台、井架接触处加防磨胶管，起升大绳在规定期限内使用（不超过 3 年或起放井架不超过 26 次）
	3. 排绳器	3. 排绳器安装固定牢固，灵活好用

表2-8　活绳头、死绳头、死绳固定器事故隐患检查

	检查项目	检 查 标 准
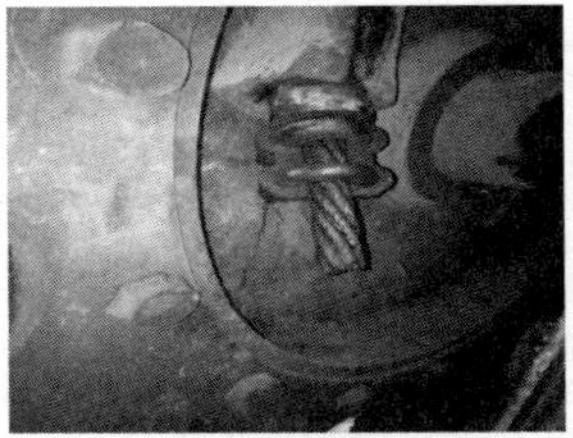	1. 活绳头	1. 活绳头用专用绳卡；防滑卡子3只，压板绳卡子不少于2只，对称紧固可靠
	2. 死绳头	2. 在固定器上缠绕3圈，防跳螺杆齐全，压板螺丝、背帽齐全，防滑卡2只，方向正确与压板间距5 cm
	3. 死绳固定器	3. 死绳固定器及大梁螺丝齐全，上下双帽紧固，传感器压力正常，间隙1 cm以上，整体干净

3. 液压盘刹

液压盘刹事故隐患检查见表2–4。

4. 辅助刹车

辅助刹车事故隐患检查见表2–5。

5. 防碰天车

防碰天车事故隐患检查见表2–6。

6. 大绳、起升大绳、排绳器

大绳、起升大绳、排绳器事故隐患检查见表2–7。

7. 活绳头、死绳头、死绳固定器

活绳头、死绳头、死绳固定器事故隐患检查见表2–8。

2.3 典型事故案例

2.3.1 钻进过程发生井喷事故

1. 事故经过

某年4月13日，某钻井队承钻的G102井正常钻进。21时35分，钻井液密度从1.35 g/cm³下降至1.30 g/cm³，黏度由29 s上升到36 s，气测全烃含量高达70%，6 min后，气测值降为正常。值班副队长决定停钻观察，循环钻井液45 min，约一个迟到时间。22时左右，2973 m井段钻井液返出地面，气测全烃含量高达100%。9 min后，气测值恢复正常，副队长决定接单根，接单根后继续循环钻进至2974.8 m。23时，泥浆工测得钻井液密度为1.34 g/cm³，黏度为30 s；23时3分发现井涌，23时8分钻井液喷出转盘面1.5 m。副队长让副司钻将方钻杆提出转盘面，自己关上半封防喷器并报警，全队职工立即赶往现场。23 时 20 分，听到一声巨响，天然气从钻台下升高短节处喷出，井口装置从套管的接箍内滑脱，撞击引起天然气着火，火势高达立管最高处；随后被喷出的钻井液熄灭，站台上下易燃物被引燃，全队职工使用灭火器将火扑灭；之后，在当日 23 时 45 分、14 日 0 时 5 分和 0 时 45 分又发生 3 次天然气喷出着火；14 日 3 时 20 分因井垮停喷。

2. 事故原因

（1）发现油气显示后处理不当。①发现油气显示后未及时停钻观察；②只停钻观察一个迟到时间，在部分气侵钻井液返出后，由于经验不足，误以为井下正常，未继续采取有效措施，导致 4 次间断井喷。

（2）钻井液密度设计不合理。邻井地层压力系数为 1.27 且发生过井喷和严重气侵。G102 井钻井液密度设计偏低，只有 1.35 g/cm^3。

（3）该井是一口滚动开发井，但具有探井性质，未按照科学钻井要求及时做 DC 指数监测和用 DC 指数监测值及时调整钻井液密度。

（4）值班干部发现井涌后，虽及时关闭了防喷器，但没有严格遵守“软关井”程序。由于直接关上半封防喷器，使井口装置承受一股密度为 1.34 g/cm^3 流体的冲击，这些力和地层压力的合力作用于井口，导致井口从套管接箍内滑脱，撞击引起天然气着火。

（5）井口装置试压不符合井控技术条例规定，从而使薄弱环节未暴露出来，隐藏了事故隐患。

（6）坐岗制度不落实。本井从打开油气层到井喷失控，在钻井班报表、地质记录和钻井液记录中均无泥浆池液面记录。

2.3.2 起钻不灌钻井液发生井喷事故

1. 事故经过

某钻井队承钻 Z3 井，某年 2 月 8 日钻至井深 2375.59 m，17 时进行太原组灰岩取芯。由于钻井液性能不佳，割芯起钻时发生遇阻，接方钻杆循环又发生井漏，泵压高达 11 MPa，井口不返钻井液。后经 2 h 上下反复活动钻具解除遇阻，刹带块已有 4 块脱落。当时钻井队没有采取开泵循环和组织换刹带等相应措施，而是凑合草率起钻。在起钻途中，该队没有按规定灌钻井液，只灌钻井液 2 次。2 月 10 日 4 时，钻具起至井深 124.56 m，再次灌钻井液时发生井涌，1 ~ 3 min 涌出一次。井队没有关井求压或节流循环，而是接上方钻杆盲目循环。17 时 15 分，钻井液中气泡增多，强行下钻失效，该队虽采取加重钻井液、控制节流循环等措施，但为时已晚，20 时 30 分只能敞开放喷。

2. 事故原因

（1）管理混乱。公司明确规定钻开油气层前井队主要干部必须在岗，但该井施工期间，部分井队干部不经公司领导与有关部门批准擅自离开工作岗位。

（2）职工队伍井控技术素质差。该队 4 名主要干部中只有 1 名受过井控培训，部分司钻与大班人员未受过井控培训。

（3）井控意识差，思想麻痹，有章不循，没有认真执行井控工作的有关规定。打开油气层前没有对职工进行井控教育，没有进行防喷演习。该井钻进过程中，从井深 1300 ~ 2000 m 井段均发生了不同程度的漏失，但当时并没有进行彻底的堵漏，而是边漏边钻进，以致取芯钻具遇阻，开泵循环时将井憋漏，造成钻井液不足。起钻没有按井控规定灌钻井液（实际上是钻井液基本漏光，无浆可灌），虽在起钻途中灌钻井液 2 次，但没有记录灌入钻井液的数量。

（4）在井控设备方面，Z3 井虽装有双闸板防喷器，但没有装节流管汇、套压表、放喷管线，且反循环灌钻井液管线全部冻实。上级管理部门虽对该井进行了检查，提出了整改要求，但没有采取强制措施要求停工整改。

2.3.3 测井过程发生井喷事故

1. 事故经过

某钻井队承钻的 L3 井，某年 12 月 9 日开始进行测井作业。11 日薄层电阻率测井仪器下到井底后，在上提时发现测井仪器遇卡；12 月 12 日进行穿心打捞，未成功，判断电缆线已被切断，开始组织用打捞矛打捞；12 月 15 日，第三次下打捞矛起钻时被卡；17 日，下电缆爆炸松扣过程中，井口出现溢流。因点火线磨破无法引爆，起出电缆后，组织压井，经多次压井均失败。12 月 19 日 8 时，防喷器闸板芯子刺坏，钻具上移，气量增大，放喷声音增强。井口采用消防车降温，同时组织人员拆除机泵房保温棚边墙。当日10时55分，机泵房先爆燃，保温棚被炸飞，铁板及支架飞出，井场设备全部烧毁。事故造成轻重伤17人，死亡2人。

2. 事故原因

（1）井控设备有缺陷。井控装置二开前只进行过一次试压，此后再未进行过试压，未能及时发现井控装置及配件存在的隐患。长时间在高压作用及高速携砂气流的冲刷下，平板阀内侧细脖子处本体被刺穿，大量油气喷出。井场处于山凹，且井口距山体很近，当日无风，油气聚集较快，同时不能及时扩散，井内喷出的砂石撞击机泵房柴油机金属底座产生火花，引发燃爆，是事故发生的直接原因。

（2）测井时间长、仪器被卡。该井从12月8日8时取完芯循环至10时50分起钻，一直到17日16时发现溢流，其间历时9 d 5 h 10 min。从深3553 m到油层底部4229 m，井段一直未建立循环，加之在处理测井仪器事故过程中穿心打捞失误，导致1160 m电缆落井；在后续打捞过程中打捞矛下得过深，导致井内两次产生抽汲，从而使下部井段钻井液受到严重油气侵，使得钻井液液柱压力低于地层压力，是造成本次事故发生的最直接原因。

（3）思想麻痹。12月8日8时取完芯循环到10时50分起钻，9日开始测井，11日测井电阻率仪器遇卡，13日下打捞矛打捞，16日钻具被卡，井底已停止循环近8天时间。在这期间未采取措施循环钻井液，致使地层流体更多地流入井内，造成严重气侵。

高密度钻井液储备不足。认为已经顺利完井，加之对该井的复杂性认识不充分，思想麻痹，只是按常规情况准备高密度钻井液而造成储备不足。

（4）现场人员井控素质低，压井程序不熟练。该井在 12 月 16 日准备爆炸松扣卸开方钻杆时，发现钻杆内钻井液倒返，已是井涌的信号，但未引起足够的重视而是错误地认为是钻具内外钻井液密度不均匀，环空倒反钻井液所致，所以只是在钻杆内打入了密度 1.40 g/cm^3 的钻井液 15 m^3。在未确认井筒下部钻井液是否存在气侵的情况下，17 日继续进行爆炸松扣，处理被卡钻具，在此过程中井下发现明显溢流，由于井控坐岗制度不落实，并未及时发现，延误了压井的最佳时机。

钻井工程设计中明确要求溢流量 2 m^3/h 时必须报警，但该井在施工中并没有按照设计要求执行。12 月 17 日 14 时，该井井口出现气泡，16 时当溢流量超过 2 m^3/h 时才被发现，但既未发出报警信号，也未及时关井。虽然 19 时 30 分才关井，但关井前累计溢流已达 24 m^3。加之处理紧急情况的经验不足，未及时组织人员撤离，造成多人伤亡。

（5）生产组织存在问题。溢流发生后，指挥不到位，组织不严密，处理问题不果断，等待加重材料时间过长。从 12 月 17 日 19 时 30 分关井到 19 日 10 时 55 分长达 39 h 25 min 的时间内没能把握住压井时机，失控爆炸着火后没有及时组织人员撤离。

2.3.4 高处坠落事故

1. 事故经过

某年 10 月 29 日，某钻井队在承钻的 Q2－52 井施工过程中，发生一起高空坠落事故。当天有 4～5 级的阵风。16 时左右，司机刘某发现机房柴油机水箱前的几处保温围布支架卡箍松动，围布晃动较为严重。刘某将当时正在推沙子的内钳工阴某叫来帮他一起紧固保温围布支架上的卡箍。阴某让刘某拿来 22 mm 的开口扳手后开始操作，先期从配电室一端开始紧起。阴某沿着围布支架的第三层横拉筋（距水罐高度为 2.5 m）紧到 2 号柴油机前排气管支架与保温围布之间横支撑杆的固定卡箍时，阴某正左手抱着该横支撑杆，右手紧卡箍螺钉。这时由于风力增大，造成围布连带着支架同时晃动，把穿在卡箍内未紧牢的横支撑杆一端拉出，阴某随横支撑杆一起跌落；下落过程中又将 2 号柴油机排气管支架一端的支撑杆卡箍掰裂，造成阴某坠落。阴某坠落地点正好是下方机房水罐卸水口的法兰盘上（直径为 26 cm）。钻井队立即将阴某送往医院进行救治。经医生诊断，阴某为右髋关节中心脱位，右髋骨翼骨折，右耻骨支骨折，右下颌部皮肤裂伤。

2. 事故原因

（1）直接原因。阴某在高出水罐 2 m 多进行高空作业时，没有按照规定系好安全带作业，是发生事故的直接原因。

（2）间接原因。刘某叫来阴某帮助作业过程中，当阴某爬到超过水罐 2 m 的高度进行作业时，没有及时提醒和制止阴某的违章行为，也没有采取有效的监护措施，是发生此次事故的间接原因。

（3）管理原因。钻井队的安全管理工作不严格。钻井队干部对本队的安全生产管理不严，对职工的安全教育不够，员工的自我保护意识差，违章操作，冒险蛮干。

安全风险意识不到位。安全生产管理规定中要求作业人员必须系牢安全带后方可进行高处作业。阴某站在高处固定机房保温围布支架时未系安全带，说明钻井队组织员工学习安全生产管理规定不到位，员工识险避险的能力差。

3　岗位安全风险控制

3.1　岗位操作流程

3.1.1　岗位准备

岗位准备如图 3 –1 所示。

图 3 –1　岗位准备

3.1.2　钻进作业

钻进作业流程如图 3 –2 所示。

3.1.3　起下钻作业

起下钻作业如图 3 –3 所示。

3.1.4　下套管作业

下套管作业如图 3 –4 所示。

3.2　岗位安全操作要点

3.2.1　岗位准备

（1）本岗位应持有有效的司钻操作证、井控操作合格证及其他相关证件。

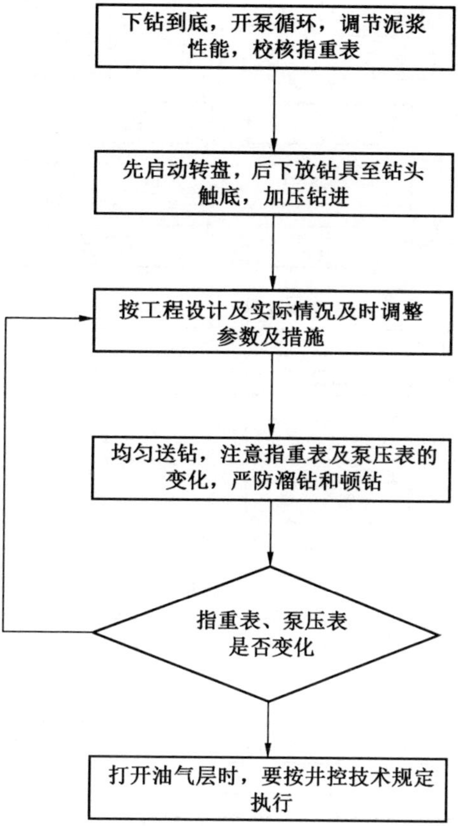

图 3－2　钻进作业流程

（2）上岗前穿戴符合国家标准和行业标准规定的劳动防护用品。

（3）接班时，提前 30 min 到达作业现场，按照司钻岗位巡回检查路线及顶点的内容。

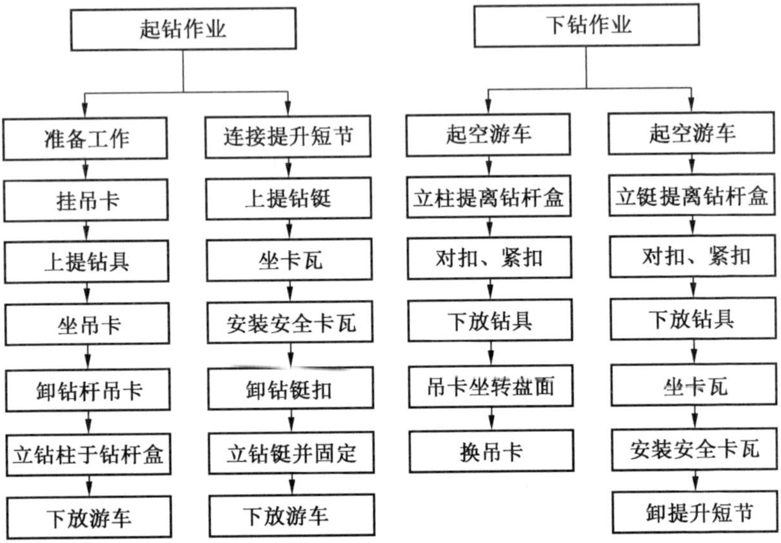

图3－3 起下钻作业

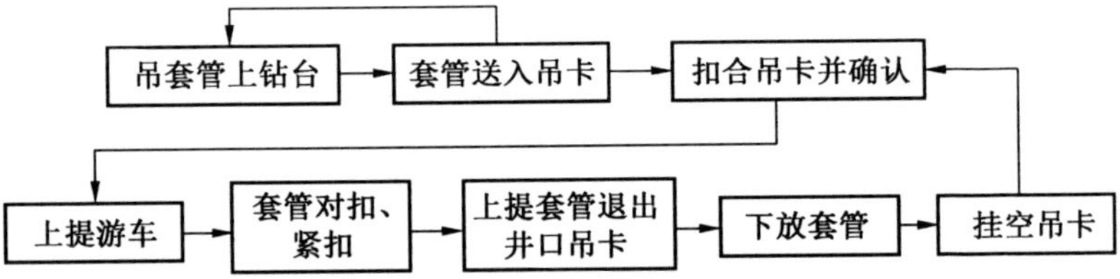

图3－4 下套管作业

（4）全面负责班组作业的安全生产工作，认真组织召开班前班后会。班前会上，根据本班作业内容，对各岗位汇报发现的安全隐患进行整改布置，对相关

HSE 工作做重点要求，强调有关安全操作规程，提出安全注意事项；班后会上，认真总结本班工作完成情况及 HSE 制度执行情况，对本班发现的安全隐患整改情况以及 HSE 工作进行讲评；每周定期组织班组人员开展 HSE 活动；了解本岗位危害要点，熟悉预防及防范措施，掌握应急避险知识，按规定参加应急演习。

（5）及时了解、掌握和落实 HSE 有关规定。

（6）严格遵守上级安全生产要求，相关作业许可管理制度及本岗位安全操作规程（HSE 作业指导书）。

3.2.2 钻进作业

（1）钻进时严禁离开司钻操作台，严禁将刹把交给无证人员操作。

（2）钻进过程中防碰装置必须处在正常工作状态，并做好检查记录。

（3）指重表应及时校准且在检测有效期内，并有检定标识。

（4）立管所使用的压力表应完好，在检测有效期内，并有检定标识。

（5）接单根时，与内、外钳工密切配合，严禁接单根与吊单根同时进行。

（6）转盘面清理干净，人员撤离到安全区域后，启动转盘，防止伤人。

（7）与副司钻联系后开泵，排量由小到大，防止泵压过高刺坏设备或刺伤人或憋漏地层。

（8）平稳下放游车，送钻均匀，观察好指重表和泵压表以及游动系统、水龙带等设备运转情况，发现问题及时停钻、上提钻具检查。

（9）突然出现钻时加快或钻具放空、泵压降低和悬重下降，应及时停止钻进，收集相关数据，确认无异常后方可继续钻进。

（10）作业期间避免人员遮挡视线。

（11）冬季施工时，严禁使用高速提升游动系统。

（12）发生溢流时，发出信号，按照“四七”动作关井。

3.2.3 起下钻作业

（1）起钻时应根据提升负荷和井下情况，合理选择起升速度。

（2）遇卡时，上提严格按照相关标准执行。

（3）要连续向井内灌满钻井液。

（4）防止单吊环起钻。

（5）严禁用转盘绷扣。

（6）起钻时应打开大钩制动销，严禁猛提、猛放、猛刹、猛顿。

（7）起钻要谨防顶天车。

（8）井口人员摘、扣吊卡时，一定要将滚筒刹牢。

（9）起钻时要努力避免拔活塞。

（10）必须使用标准螺纹脂；上扣做到不磨扣、不顿扣；下井钻具必须按规定扭矩上扣到位。

（11）下钻时要操作平稳，控制下放速度，防止突然遇阻或刹车失灵造成顿钻。

（12）要防止起空车时顶天车。

（13）下钻时要密切关注井口钻井液返出情况。

3.2.4 下套管作业

（1）套管螺纹必须清洁；并均匀地涂抹好标准螺纹脂，上扣使用好套管扭矩仪，每道扣都要按规定扭矩上扣到位。

（2）按规定向套管内灌浆，派专人观察钻井液返出情况。

（3）操作要平稳，控制下放速度，严禁猛提、猛放、猛刹。

（4）井口摘吊卡时，要刹滚筒。

（5）下放遇阻时不能硬压，更不能硬转，应立即灌钻井液，接水龙头循环；无效则起套管，修正井眼。

（6）向套管内灌钻井液期间，要活动套管，防止粘卡。

（7）严禁手套等杂物落入套管内。

3.2.5 巡回检查

按照检查要求，根据附表2“岗位巡回安全检查表”内容进行班中检查确认（图3－5），并如实记录检查结果。岗位巡回安全检查表中的内容不可遗漏。检查中发现不同情况，采取以下处理方式：①能处理的及时处理；②不能立即处理的，立即向上级汇报，并提出解决方案；③所有发现的问题及处理结果如实上报。

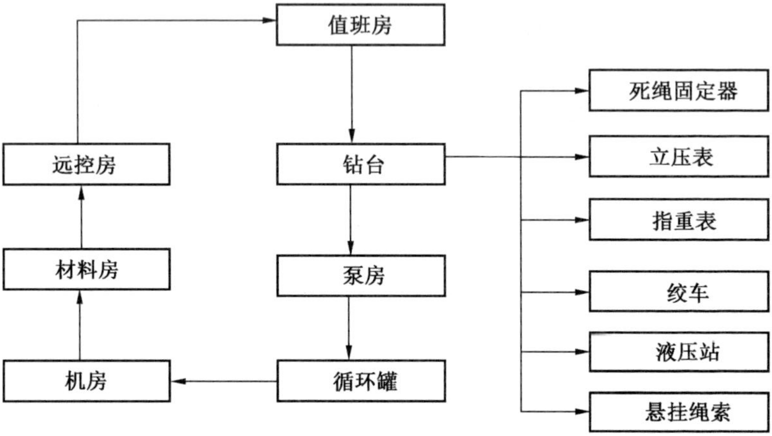

图 3－5　巡回检查

主要检查项目：

（1）值班房。工程班报表、泥浆班报表、班组指令、技术措施。

（2）死绳固定器。固定情况、传感器及传压情况。

（3）立管。立管固定情况、压力表灵敏度。

（4）指重表。悬重与钻柱重量相符、自动记录仪准确。

（5）绞车检查。高速离合器充气磨损、低速离合器排气及刹把的使用、转盘离合器使用、刹车气缸进排气、防碰天车固定及制动、辅助刹车检查、活绳头固定、平衡梁调节螺丝及刹带的固定及磨损、钢丝绳。

（6）司钻操作台。各气开关检查、总气路和防碰系统的通断。

（7）井上情况。钻具结构、钻头规范及使用、悬重、井深及方入、钻至地层是否与邻井相符、技术措施是否符合上级要求。

3.3 岗位操作风险管控

3.3.1 钻进工况风险管控

钻进工况风险管控见表3－1。

表3－1 钻进工况风险管控

	岗位操作	安全风险	可能造成的事故类型	控制措施
钻进作业	全部工况	钻进时人员脱岗，不能及时控制泵的开关或发生溜钻等情况	人员伤亡、设备损坏	钻进时，司钻严禁离开司钻操作台
	全部工况	潮湿或阴雨天气启动电气设备时，未使用绝缘手套、绝缘鞋和绝缘工具	人员触电、人员伤亡	潮湿或阴雨天气启动电气设备时，应使用绝缘手套、绝缘鞋和绝缘工具
	循环、接单根	活动钻具时，游动系统失控，防碰装置失灵，造成上顶下砸	人员伤亡、设备损坏	钻进过程中防碰装置必须处在正常工作状态，并做好检查
	钻遇异常高压地层	未及时判定异常情况发生的原因，当井内液柱压力低于地层压力时，可能发生井漏、井喷或井喷失控事故	人员伤亡、设备损坏、环境污染	突然出现钻时加快或钻具放空、泵压降低和悬重下降，应及时停止钻进，收集相关数据，确认无异常后方可继续钻进

表3－1（续）

	岗位操作	安全风险	可能造成的事故类型	控制措施
钻进作业	钻遇断层或异常低压地层	未落实专人井控坐岗和严禁脱岗制度，未及时发现溢流或漏失，未采取相应措施，可能造成井喷或井喷失控事故	人员伤亡、设备损坏、环境污染	落实专人井控坐岗，严禁脱岗，能够及时发现溢流或漏失
	钻进、循环	钻井液性能不能满足一次井控及安全施工要求，当井内液柱压力低于地层压力时，引发井喷或井喷失控事故	人员伤亡、设备损坏、环境污染	钻井液性能应满足一次井控及安全施工要求
	钻进、循环	钻进过程中，未安排钻工在钻台上值班，不利于配合司钻发现和解决突发问题	人员伤亡、设备损坏	钻进过程中，应安排钻工在钻台上值班，协助工作
	钻进、循环	指重表未按悬重校准灵敏表盘，未定期校检，造成数值不准确，不能正确判断井下情况	发生人身、设备、井下事故	指重表应及时校准，且在检测有效期内，并有检定标识
	钻进、循环	立管压力表失效，数值不准确，不能准确判断井下情况	发生人身、设备、井下事故	立管所使用的压力表应完好，在检测有效期内,并有检定标识
	其他	未及时挂好大门3道防护链（杆）或关好防护门，可能造成人员从大门坡道坠落	人员伤亡	应及时挂好大门3道防护链（杆）或关好防护门
	其他	未及时清理或采取防滑措施，造成钻台面湿滑	人员滑跌、人员伤亡	应及时安排人员清理钻台面泥浆、冰、油水等介质或采取防滑措施

3.3.2 起下钻工况风险管控

起下钻工况风险管控见表3-2。

表3-2 起下钻工况风险管控

	岗位操作	安全风险	可能造成的事故类型	控制措施
起下钻作业	全部工况	操作刹把未严格遵守操作规程，防碰天车装置失效	人员伤亡、设备损坏	操作刹把应严格执行操作规程，及时检查防碰天车装置
	全部工况	视线不清或大雾、大雪、冰雹、雷雨、六级以上大风等恶劣天气情况下，进行起下钻具作业	人员伤亡、设备损坏	视线不清或大雾、大雪、冰雹、雷雨、六级以上大风等恶劣天气情况下，禁止起下钻具作业
	全部工况	一旦气路冻结，造成操作失控，游车上顶下砸	人员伤亡、设备损坏	冬季零度以下温度时，严禁使用高速提升游动系统
	全部工况	未及时发现溢流或漏失，未采取相应措施，可能造成井喷或井喷失控事故	人员伤亡、设备损坏、环境污染	落实泥浆工井控坐岗，严禁脱岗，能够及时发现溢流或漏失
	起钻	造成井内液柱压力低于地层压力，引发井喷或井喷失控事故	人员伤亡、设备损坏、环境污染	每起3柱钻杆（1柱钻铤）必须灌满一次钻井液；欠平衡起钻时连续灌满钻井液
	起钻	造成井内液柱压力低于地层压力，引发井喷或井喷失控事故	人员伤亡、设备损坏、环境污染	严禁钻头在油气层中和顶部以上300 m井段内高速起钻，或在裸眼井段起钻拔活塞时强行起钻

表 3－2（续）

	岗位操作	安全风险	可能造成的事故类型	控制措施
起下钻作业	下钻	回压阀失效，钻井液倒灌，造成井内液柱压力低于地层压力，引发井喷或井喷失控事故，导致人员伤亡、设备损坏、环境污染	人员伤亡、设备损坏	带止回阀的钻具组合，应按5～10柱灌满钻井液，灌钻井液时应上下活动好钻具
	下钻	水眼堵塞，填充物在压差作用下从井口钻柱水眼内飞出	人员伤亡	确认钻柱水眼畅通，方可下入井内
	下钻	提钻具立柱至井口，不进行扶稳，钻具立柱摆动幅度过大，易发生设备和人员碰撞	人员伤亡、设备损坏	提钻具立柱至井口应将钻具用手或钻杆钩扶稳
	立钻具	拉钻具立柱入钻具盒时，未使用钻杆钩，而是用肩推送钻具，可能发生钻具挤压头部	人员伤亡	拉钻具立柱入钻具盒时，钻台人员禁止用肩推送钻具，应使用钻杆钩
	起下钻铤	井口工具从钻具上方落下，可能击中井口操作人员，工具落井或井口工具翻倒砸人	人员伤亡	钻具上提时，安全卡瓦等井口工具应及时卸除，工具不应放在转盘面上
	起下钻铤	用手移动钻铤提升短节等工具时，可能造成工具脱手	人员伤亡	搬移钻铤提升短节等工具应使用气动小绞车
	钻铤上扣	起下钻铤时，井架工未观察提升短节有无倒扣，可能造成钻具倾倒、落井事故	人员伤亡、设备损坏	起下钻铤时，井架工应观察提升短节有无倒扣

表 3－2（续）

	岗位操作	安全风险	可能造成的事故类型	控制措施
起下钻作业	使用B型钳	使用的猫头绳不符合安全规定，猫头绳缠乱或拉断，打击人员	人员伤亡、设备损坏	使用的猫头绳符合安全规定，无断股、扭结现象
	使用B型钳	钻具卸扣时，大钳受力过大，发生钳尾绳或大钳断裂	人员伤亡、设备损坏	钻具卸扣时，严禁使用转盘单钳绷扣
	使用B型钳	拉猫头操作时，猫头绳与袖口及长衫缠绕或套在脚上	人员伤亡	拉猫头时，作业人脚下及周围应干净，防止猫头绳套脚，应按“三紧”要求着装，不应穿着长衫等不安全装束
	异常高压地层起钻	造成井内液柱压力低于地层压力，引发井喷或井喷失控事故	人员伤亡、设备损坏、环境污染	气（富含气）井起钻前应将井筒压稳，下钻到底遇气侵时应关井节流循环
	其他	人员乘坐游动系统、钻杆等非专用设施上下井架，可能发生人员高空坠落	人员伤亡	严禁人员乘坐游动系统、钻杆等非专用设施上下井架
	其他	刹车失灵，造成顿钻、溜钻	人员伤亡、设备损坏	严禁在滚筒刹车毂上浇油和水或用蒸汽刺刹车毂
	其他	使用钢丝绳上猫头紧（卸）钻具，钢丝绳断裂	人员伤亡	严禁使用钢丝绳上猫头紧（卸）钻具
	其他	起下钻作业，信号传递不清，造成人员操作失误	人员伤亡	视线不清，应使用事先约定的联络信号进行起下钻柱作业

表 3－2（续）

	岗位操作	安全风险	可能造成的事故类型	控制措施
起下钻作业	其他	附着钻具上的泥饼下落，砸伤人员	人员伤亡	必须将附着在钻具上的泥饼清除
	其他	未及时清理或未采取防滑措施，钻台面上湿滑，可能造成人员滑跌或高空跌落	人员伤亡	应及时清理钻台面上的泥浆、冰、油水等介质，或采取防滑措施
	其他	未及时将井口和小鼠洞盖好，发生工具落井或人员误入小鼠洞	事故复杂或人员伤亡	井口和小鼠洞无钻具时，应及时盖好盖板

3.3.3 下套管工况风险管控

下套管工况风险管控见表 3－3。

表 3－3 下套管工况风险管控

	岗位操作	安全风险	可能造成的事故类型	控制措施
下套管作业	全部工况	未及时发现溢流或漏失，不能采取相应措施，可能造成井喷或井喷失控事故	人员伤亡、设备损坏、环境污染	落实泥浆工井控坐岗，严禁脱岗，能够及时发现溢流或漏失
	套管灌浆	造成井内液柱压力低于地层压力，引发井喷或井喷失控事故	人员伤亡、设备损坏、环境污染	必须按照下套管技术措施向套管内灌满钻井液

表3－3（续）

	岗位操作	安全风险	可能造成的事故类型	控制措施
下套管作业	上提游车	1. 套管提出小鼠洞速度过快，摆动大，可能打击人员，导致人员伤亡； 2. 提升速度过快，可能造成游动系统失控，发生上顶下砸，导致人员伤亡、设备损坏	人员伤亡、设备损坏	严禁将套管公扣端高速提出小鼠洞
	扣合吊卡	1. 游动系统和小绞车配合提吊卡时，其他人员不在安全位置，造成吊卡撞击人员，导致人员伤亡； 2. 下放吊卡扣套管时，用手扶正，可能造成伤手事故； 3. 吊卡销子脱出，造成吊环滑脱，可能造成打击人员，导致人员受伤； 4. 扣合吊卡活门站位不正确，吊卡从套管滑脱，导致人员伤亡	人员伤亡	采用吊卡在大门坡道扣套管作业时，其他人员处于安全位置后，小绞车与游车操作平稳，确认吊卡销子销紧到位，吊卡活门扣合后，方可起动游车上提套管
	其他	向钻台下抛掷套管护丝或工具，可能打击到钻台下人员	人员伤亡	严禁向钻台下抛掷套管护丝或工具
	其他	清洗套管丝扣时，不采取防污染措施，造成清洗液落地，导致环境污染	环境污染	清洗套管丝扣时，应采取防污染措施

4 岗位应急管理

4.1 应急报告

4.1.1 岗位人员应急报告

1. 应急反应

判断事故情况→确保自身安全→启动应急预案→施救自救→发出求救信号（报告）。

2. 报告流程

岗位人员应急报告流程如图4－1所示。

图4－1　岗位人员应急报告流程

3. 报告内容

事故发生后立即向值班干部汇报现场情况，并协助完成事故调查及报告填写。报告内容包括：

（1）报告人姓名、部门。

（2）事故时间、地点。

（3）事故简要经过、人员伤亡情况。

4.1.2 单位应急报告

（1）事故单位根据事故情况，启动相应的应急预案。

（2）单位负责人接到报告后，应于1 h内向事故发生地县级以上人民政府应急管理部门及安全监管部门报告。

（3）情况紧急时，事故现场人员可以直接向事故发生地县级以上人民政府应急管理部门和有安全监管职责的部门报告。

（4）积极配合事故调查工作。

4.2 现场应急处置

4.2.1 溢流井喷应急处置

发现或接到溢流报告后，司钻应立即停止其他工作，并根据实际情况，按照井控规定要求，采取行动（图4－2）。

4.2.2 安全风险事故应急处置

1. 碰天车

一旦发现碰天车应立即摘去动力，按下紧急刹车。井口人员迅速撤离钻台，并立即报告队长和机械技师。

2. 绞车失去刹车

（1）有条件座卡瓦时立即座卡瓦。

（2）无条件座卡瓦时用低油门合低速，低速作用后座卡瓦或上提钻具后再座卡瓦。合低速时，井口作业人员要迅速撤离至井架大腿以外安全处，防止传动链条

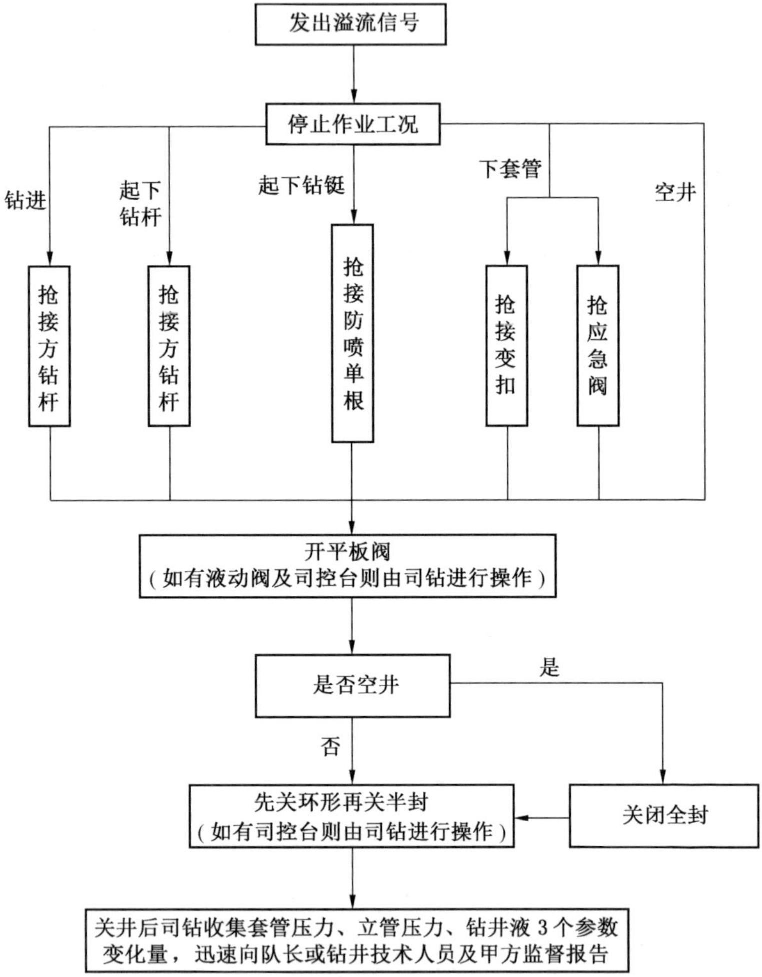

图4-2　溢流井喷应急处置流程

在合低速时顿断，致顿钻伤人。

（3）刹把断则使用气刹。

4.2.3　有毒有害气体外溢应急处置

（1）当监测发现有毒有害气体溢出地面时，监测人员立即向司钻汇报。

（2）停止正常作业，立即组织班组人员佩带正压式空气呼吸器，指挥班组人员溢流关井，并向值班干部汇报，等待值班干部及上级领导的指令。

（3）如果发现有人员中毒，组织人员将伤者立即抬到上风口安全区域，交由卫生员实施现场急救或进一步救治。

（4）当井场有毒有害气体溢出浓度达到危险临界浓度时，应立即组织班组作业人员撤离井场。

4.2.4　人员伤亡应急处置

（1）司钻应熟知本井人员伤亡事故预案，发生人员伤亡事故时，应能在专业人员到场前立即开展自救互救，尤其是止血、包扎及断肢保护的工作，做到最大化保护伤者。

（2）卫生员、现场安全监督和值班干部检查受伤者情况，协助伤者提供受伤情况。

（3）除组织抢救外，应保护好事故现场原始状态，在接到事故现场解禁指令后，组织恢复正常生产。

4.2.5　火灾应急处置

发生初期火灾时，立即组织班组人员进行扑救，同时报告值班干部。现场有伤员时，按自救互救知识进行急救，如伤者伤势严重，拨打当地医院急救电话，及时送往医院救治。火灾现场应急处置如图 4 –3 所示。

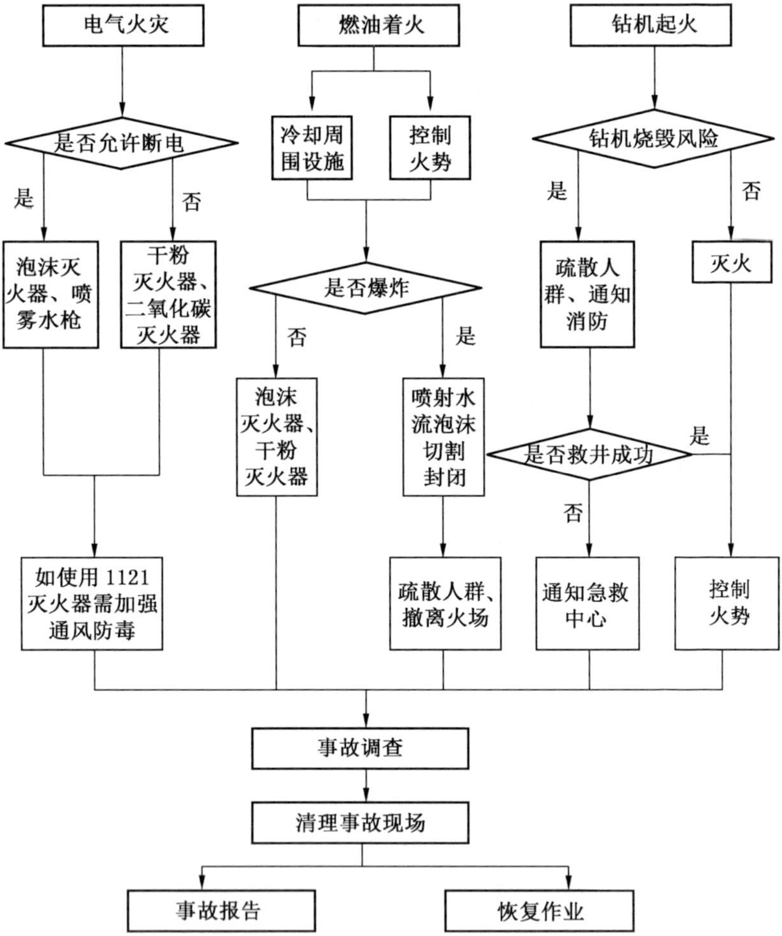

图 4 –3　火灾应急处置流程

4.2.6 自然灾害（突发洪水、泥石流、山体滑坡等）应急处置

（1）人员疏散、撤离。安排人员引导险情区域内无关人员、车辆向周围高地疏散。

（2）报警。突发洪水、泥石流、山体滑坡事故时，立即发出报警信号。

（3）立即救人。在应急救援人员或医疗人员未到之前，在确保救援人员安全的情况下，采取急救措施。

（4）隔离现场、建立警戒区。险情发生后，根据险情发生的地理位置及周围的环境情况，组织人员设立警戒区，禁止无关人员及车辆进入。

（5）现场控制。在确保安全的情况下，组织人员进行应急处置，利用现有的抢险物资进行泄洪、筑堤等措施，随时将应急处置情况上报。

附　　录

附录1　有关法律法规和行业标准

1. 与陆上石油天然气钻井司钻岗位密切相关的法律、法规

（1）《中华人民共和国安全生产法》

（2）《中华人民共和国职业病防治法》

（3）《中华人民共和国劳动合同法》

（4）《中华人民共和国消防法》

（5）《中华人民共和国突发事件应对法》

（6）《中华人民共和国特种设备安全法》

（7）《生产安全事故应急条例》

（8）《生产安全事故应急预案管理办法》

2. 与天然气井钻井司钻岗位安全生产密切相关的法律法规和行业标准

（1）《安全色》（GB 2893—2008）

（2）《安全标志及其使用导则》（GB 2894—2008）

（3）《企业职工伤亡事故分类》（GB 6441—1986）

（4）《石油天然气钻井井控技术规范》（GB/T 31033—2014）

（5）《石油天然气安全规程》（AQ 2012—2007）

（6）《含硫化氢天然气井失控井口点火时间规定》（AQ 2016—2008）

（7）《硫化氢环境钻井场所作业安全规范》（SY/T 5087—2017）

（8）《钻井井场、设备、作业安全技术规程》（SY/T 5974—2014）

（9）《硫化氢环境人身防护规范》（SY/T 6277—2017）

（10）《石油天然气作业场所劳动防护用品配备规范》（SY/T 6524—2017）

（11）《硫化氢环境应急救援规范》（SY/T 7357—2017）

附录2　岗位常用安全警示标志

编号	图　形	名　称	设置范围和地点
1		禁止带火种	生产现场
2		禁止通行	吊装区域、 钻台作业区

（续）

编号	图　形	名　称	设置范围和地点
3		注意安全	钻台入口
4		当心触电	带电设备、变压器、配电柜
5		当心跌落	井架梯子底端、二层台
6		当心硫化氢	钻台、振动筛、泥浆泵房
7		必须戴防护眼镜	作业现场

（续）

编号	图 形	名 称	设置范围和地点
8		必须戴安全帽	作业现场
9		必须戴护耳器	作业现场
10		必须系安全带	高处作业、二层台

附录3 相关现场及岗位检查表

钻井现场 HSE 检查表见附表1。

附表1　钻井现场HSE检查表

检查项目	检　查　内　容	检查情况	备注
提升系统	钢丝绳磨损情况、绳头及绳卡是否卡牢		
	指重表自动记录仪是否完好		
	大钩开口保险销是否灵活有效		
	水龙带有无保险绳，固定是否符合要求		
刹车系统	气刹是否有效		
	防碰天车、过卷阀是否符合要求、灵活有效		
	刹把轴键有无松旷		
	刹车性能是否良好		
	自动送钻装置是否可靠		
安全装置	各处栏杆、梯子扶手是否完好		
	设备各运转部门防护罩是否齐全、完好		
	各处盖板、走道板是否齐全牢固		
	泥浆泵保险凡尔是否定期检查保养，排出管线是否固定牢固、泵高压胶管保险绳是否符合规定		
井架	井架销子保险销、螺丝是否齐全牢固		
	井架绷绳固定是否符合规定标准		
	井架梯子、各部位栏杆是否齐全牢固		
	二层台所用挡绳质量情况、钩子是否固定		
	保险带数量、质量及使用情况是否符合要求		

附表1（续）

检查项目	检 查 内 容	检查情况	备注
钻台	钻台是否清洁、工具用具摆放是否整齐		
	气动绞车钢丝绳及手刹是否完好		
	吊卡开关是否灵活保险可靠		
	大钳尾绳、吊钳尾绳质量是否符合要求		
	钳牙卡瓦牙是否牢固，吊钳保险销是否齐全		
	司钻房是否清洁，是否有杂物		
	偏房是否清洁、工具摆放是否整齐		
井控装备	防喷器节流管汇安装、液压油量是否符合要求		
	各泵是否正常，储能器多效能管汇压力是否符合要求		
	各部位压力表是否灵敏		
	液控管汇各接头处有无漏油现象		
	远程、司钻控制台各操作手柄是否灵活可靠		
	上下旋塞开关是否灵活、回压凡尔是否有备用		
	储备泥浆量及密度是否满足设计要求		
	防喷管线固定是否牢固		

岗位巡回安全检查表见附表2。

附表2　岗位巡回安全检查表

巡检路线	值班房→钻台（死绳固定器、立管压力表、指重表、绞车、司钻房仪表、液压站、悬挂绳索）→泵房→泥浆罐→机房→材料房→井控系统	
序号	设备名称	巡　检　内　容
1	值班房	工程班报表、泥浆班报表、班组指令、技术措施是否符合要求
2	钻台	死绳固定器固定情况、传感器及传压情况是否符合要求
		立管固定情况、压力表灵敏度是否符合要求
		指重表悬重与钻柱重量是否相符、自动记录仪是否准确
		绞车高速离合器充气磨损、低速离合器排气及刹把的使用、转盘离合器使用、刹车气缸进排气、防碰天车固定及制动、辅助刹车检查、活绳头固定、平衡梁调节螺丝及刹带的固定及磨损、钢丝绳情况是否符合要求
		钢丝绳是否排列整齐，有无断丝
		防碰天车是否正常
		司钻房各仪表是否正常灵敏，液压站油量及其润滑和工作情况是否正常
3	泵房	地面管汇、闸门组是否正常
		泥浆泵的冷却油量、油质是否合规
		皮带轮、护罩、空气包、保险凡尔是否正常
4	泥浆罐区	泥浆液面、固控设备是否正常
5	机房	机车的转数和机车的运转是否正常
6	材料房	查看易损件是否齐全，常用料是否备用
7	井控系统	各部位连接是否紧固，管线及接头、小操作台、大操作台闸阀及手轮、储能器及仪表是否正常

附录4　岗位安全知识和技能练习题

1. 游动滑车处在下死点位置时，带槽的滚筒上应留有(　　)钢丝绳。

A. 9圈　　B. 12圈　　C. 15圈　　D. 一层

2. 游动滑车处在下死点位置时，不带槽的滚筒上，应留有(　　)钢丝绳。

A. 15圈　　B. 12圈　　C. 1¼层　　D. 一层

3. 带刹刹把完全松开的情况下，刹车块与刹车毂之间的间隙(　　)mm，各处间隙应均匀。

A. 5　　B. 3~6　　C. 6~8　　D. 10

4. 工作钳刹车块与刹车盘之间单边间隙不大于(　　)mm。

A. 0.5　　B. 0.6　　C. 0.8　　D. 1.0

5. 安全钳刹车块与刹车盘之间单边间隙不大于(　　)mm。

A. 1.0　　B. 0.5　　C. 0.8　　D. 0.6

6. 应经常检查液控盘式刹车的油温、水温，确保油温低于(　　)℃。

A. 72　　B. 60　　C. 85　　D. 42

7. 每周检测刹车盘磨损量及是否龟裂，要求刹车盘磨损量不超过(　　)mm。

A. 15　　B. 10　　C. 18　　D. 12

8. 主刹车为液控盘式刹车时，防碰天车系统的过卷阀应(　　)试验一次，确保其性能可靠。

A. 每天　　B. 每周　　C. 每班　　D. 每月

9. 绞车主刹车的作用是控制(　　)。

A. 滚筒的转速　　B. 钻具下放速度

C. 起升系统的位置　　D. 以上三项

10. 液压盘刹钳架安装后，钳架侧面与刹车盘端面平行、对中，平行度、对称度允差在(　　)mm 范围内。

A. 0.5　　B. 1　　C. 1.5　　D. 2

11. 液压盘刹各工作钳、安全钳应反应灵敏、动作灵活可靠，接通(　　)信号后，工作钳、安全钳应能快速响应刹车。

A. 液压信号　　B. 气压信号

C. 防碰模拟信号　　D. 电信号

12. 液压盘刹安全钳是常闭式，驻车制动靠(　　)力实现。

A. 自然机械　　B. 液控

C. 气控　　D. 电控

13. 安全钳驻车制动主要用于液压盘刹(　　)，并可用于钻机绞车对大钩载荷的短暂悬停。

A. 紧急制动　　B. 工作制动

C. 工作钳间隙调整　　D. 以上三项

14. 为确保安全钳的使用可靠性，各安全钳油缸内置碟簧组应(　　)年全部更换一次。

A. 1　　B. 1 年半

C. 2　　　　　　　　D. 3

15. 盘刹液压源的储能器作用是在液压站无电的情况下，确保盘刹系统对绞车实现(　　)次刹车。

A. 6～7　B. 4～6　C. 6～8　D. 7～10

16. 启动液压盘式刹车动力源电机前，盘式刹车应处于(　　)状态。

A. 工作制动状态　　　　B. 驻车状态

C. 放松状态　　　　　　D. 紧急制动

17. 盘刹刹车间隙检查周期是(　　)。

A. 每班　B. 每天　C. 每周　D. 每月

18. 盘刹蓄能器预充压力检查周期是(　　)。

A. 半年　B. 一年　C. 每周　D. 每月

19. 防碰天车发出信号后，盘刹实施保护制动，通常该制动是由(　　)完成的。

A. 驻车制动　　　　　　B. 工作钳

C. 紧急制动　　　　　　D. 所有刹车钳

20. 调节刹车间隙时，利用安全钳刹车悬持游动系统，卸掉钩载，调整工作钳刹车块和刹车盘间隙不大于(　　)mm。

A. 0.5　B. 1　C. 1.5　D. 2

21. 新水龙头或大修后的水龙头，在使用满(　　)小时后应更换润滑油。

A. 400　B. 100　C. 200　D. 300

22. 大钩水龙头安装后要保证游车吊环、水龙头提环(　　)灵活。

A. 上下活动　　　　B. 转动

C. 左右活动　　　　D. 控制

23. 设有液力减震装置的游车大钩工作前应加足(　　)。

A. 液压油　　　　B. 齿轮油

C. 减震油　　　　D. 润滑油

24. 在处理事故大力活动解卡时，大钩(　　)应另加保险绳，以防水龙头脱落。

A. 吊环　　B. 吊卡　　C. 钩舌　　D. 液压钳

25. 大钩等吊具应定期进行检验，定期检验周期为(　　)。

A. 两年　　B. 一年　　C. 三年　　D. 半年

26. 吊环保险绳的直径为(　　)mm，钢丝绳绕 3 圈，卡 3 只绳卡。

A. 9.5　　　　B. 13

C. 9.5 ~ 12.25　　　　D. 19

27. 吊环等吊具应定期进行检验，定期检验周期为(　　)。

A. 两年　　B. 一年　　C. 三年　　D. 半年

28. 钻井泵在运转过程中，各轴承部位的最高温度不得超过(　　)℃。

A. 70　　B. 80　　C. 90　　D. 100

29. 启动钻井泵时，司钻应通知泵房，间歇进气，目视(　　)，钻井液返出正常后，提高转速至规定参数。

A. 油压表　　B. 泵压表

C. 指重表　　D. 气压表

30. 销钉式安全阀，是靠(　　)控制钻井泵的安全压力。

A. 销钉强度　　B. 弹簧强度

C. 钻井泵转速　　D. 调节螺钉

31. 更换钻井泵空气包气囊时，应首先(　　)。

A. 打开阀门，确认空气包内是否压力为零

B. 拆卸压盖螺栓

C. 拆卸压力表

D. 配件准备齐全后

32. 钻台气动绞车应悬挂(　　)kN 滑轮。

A. 20　　B. 50　　C. 30　　D. 40

33. 气动绞车在起吊前，通常要用重物试吊，起吊高度不超过(　　)m。

A. 0.3　　B. 0.5　　C. 1　　D. 1.5

34. 具有自动刹车机构的气动绞车起吊重物时，操作人员(　　)。

A. 可暂时离开绞车　　B. 不得离开绞车

C. 可站在重物附近　　D. 可手扶起重物

35. 气动绞车的刹带磨损严重可导致其(　　)。

A. 提升力不足　　B. 启动困难

C. 制动系统失灵　　D. 气马达过热

36. 当气动绞车气马达的润滑油不足或变质，导致气马达过热时应(　　)。

A. 降低负荷使用　　　　B. 降低使用频率

C. 加足或更换润滑油　　D. 强制冷却

37. 钻台气动绞车吊绳应采用 16 mm 钢丝绳，钢丝绳卡的正确用法是(　　)。

A. 应用 3 个 22 mm 钢丝绳卡，卡距 140～160 mm，鞍座扣在钢丝绳的非工作段上

B. 应用 3 个 16 mm 钢丝绳卡，卡距 100～120 mm，鞍座扣在钢丝绳的工作段上

C. 应用 2 个 14 mm 钢丝绳卡，卡距 80～100 mm，鞍座扣在钢丝绳的工作段上或非工作段上均可

D. 应用 2 个 16 mm 钢丝绳卡，卡距 100～120 mm，鞍座正反交错扣在钢丝绳上

38. 移送液压大钳到井口时，严禁把气阀(　　)合到底，以防大钳快速向井口运动造成撞击。

A. 二次　　B. 一次　　C. 三次　　D. 四次

39. 液压大钳的颚板尺寸与钻杆(　　)应相符

A. 本体外径　　　　B. 本体内径

C. 接头外径　　　　D. 接头长度

40. 为防止误操作，液压大钳不用时，必须切断动力源或操作手柄应加装限位装置，并(　　)。

A. 操作手柄位于高速位

B. 用保险绳固定牢固

C. 操作手柄位于低速位

D. 挂牌上锁

41. 防碰天车工作时，应确保刹车气缸进气和高低

速放气速度快，在(　　)s 内能将滚筒刹住。

A. 1　　B. 3　　C. 5　　D. 6

42. 防碰天车装置必须(　　)试用一次，检查刹车的可靠性。

A. 两天　　B. 三天　　C. 每天　　D. 每班

43. 防碰天车系统应进行功能性试验，至少(　　)一次，确保其性能可靠。

A. 每天　　B. 每周　　C. 每班　　D. 每月

【参考答案】

1 ~ 5	ADBDB	6 ~ 10	BBCDB
11 ~ 15	CACAB	16 ~ 20	DBDDB
21 ~ 25	CBCCA	26 ~ 30	BAABA
31 ~ 35	ABCBC	36 ~ 40	CBBCB
41 ~ 43	ADD		